THE EXPLOSIVE
HiSTORY OF
VOLCANOES

神奇 的火山

[英]克莱夫·吉福德（Clive Gifford） 著

[巴西]安德雷萨·迈斯纳（Andressa Meissner） 绘

孙甜 译

天津出版传媒集团

天津科学技术出版社

目录 CONTENTS

爆炸　　　　　　　　　　　4

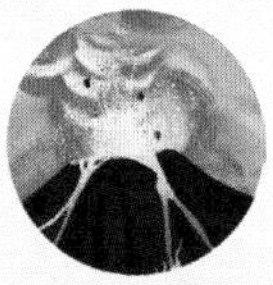

裸露在外的火山　　　　　　6

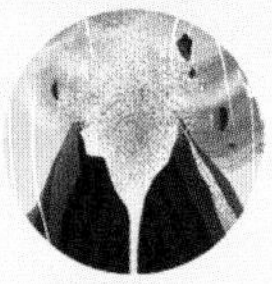

火环　　　　　　　　　　　10

火山喷发　　　　　　　　　12

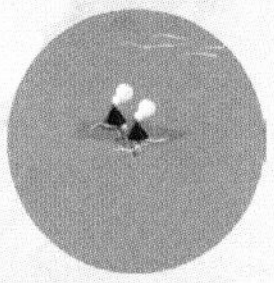

熔岩档案　　　　　　　　　14

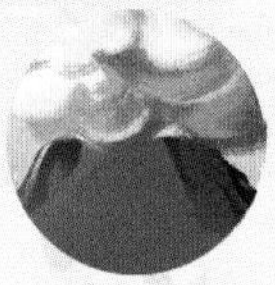

火山的类型　　　　　　　　16

喷发之最　　　　　　　　　18

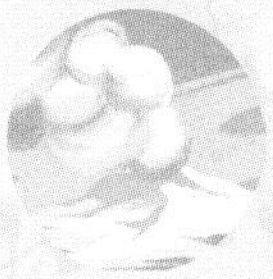

火焰剧场　　　　　　　　　28

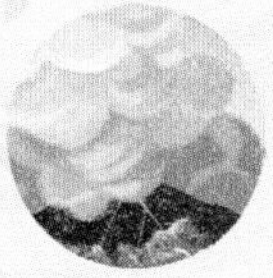

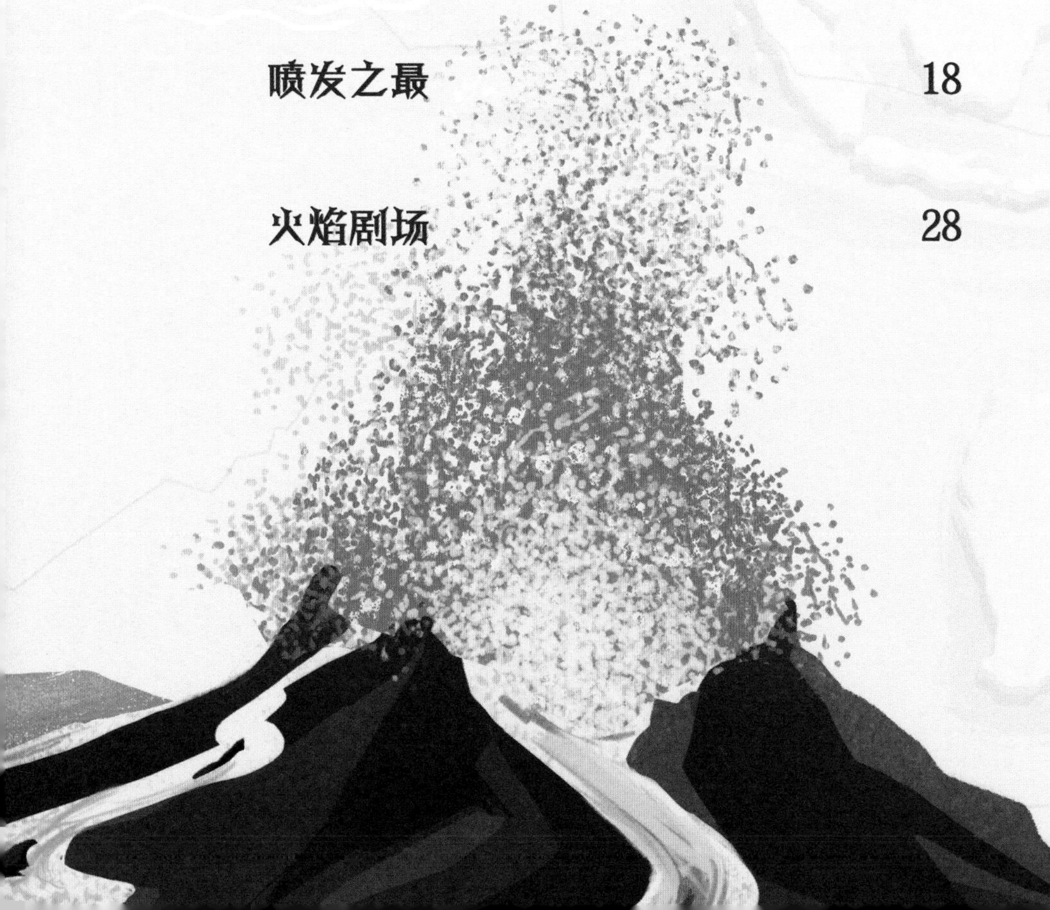

维苏威火山　　　　30

坦博拉火山　　　　32

喀拉喀托火山　　　34

圣海伦斯火山　　　36

艾雅法拉火山　　　37

与火山为邻　　　　38

火山的产物　　　　40

科学家拯救生命　　42

地球之外的火山　　44

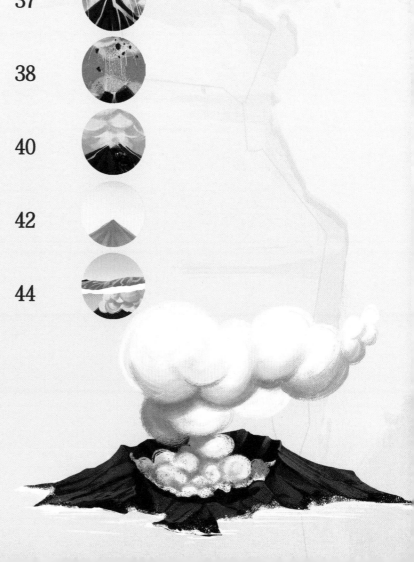

爆炸

你能想象到坐在一个随时都有可能爆炸的巨大炸药桶上是什么感觉吗？光是听起来就让人提心吊胆。实际上，世界各地大约有3.5亿人每天都面临着这样的危险。

这些人住在活火山附近的山坡上。活火山是地壳上的开口，有时滚烫熔融的岩石和气体会从这个开口冒出来，这一现象叫作"火山喷发"。火山喷发轻则导致熔岩缓缓渗出，重则产生爆炸式冲击，把整个山顶都炸毁。

2002年，刚果民主共和国的尼拉贡戈火山喷发，滚烫熔融的岩石四处流淌，烧毁了戈马市1/6的建筑物，约12万人因此流离失所、无家可归。

我们有时候会看到关于火山喷发的负面报道。是的，火山喷发的确会造成财产损失、人员伤亡、社会混乱和环境破坏。但是，是地质作用将地球变成了今天这个样子，而火山喷发只是地质作用的一个自然部分。

陆地、海洋、岛屿和深海底都有火山。火山遍布地球的每一块大洲，就连气候酷寒、冰封千里的南极洲也有火山。本书将带你领略一段段令人心惊胆战又引人入胜的火山喷发史。

裸露在外的火山

火山大小不一，千姿百态。所有的火山都有开口，熔融的岩石通过这些开口流向地面。地下熔融的岩石叫作"岩浆"，它们被喷出地表后叫作"熔岩"。

地球表面覆盖着一层坚硬的岩石外壳，叫作"地壳"。地壳的厚度不一，海底的地壳最薄处只有几千米，山脉下的地壳最厚处可达 60 000 米。地壳下方是一个厚厚的地球中间层，叫作"地幔"，里面充满了岩浆。

岩浆比自身周围的固体岩石更轻，因此会上升并汇集在叫作"岩浆库"的腔室中。地壳的薄弱地段或开口处会形成火山，岩浆不断被抬升，到达地表。

火山喷发后，一层又一层的火山灰和熔岩沉积下来，形成锥形山体。

火山坡上岩石的缝隙或断裂处叫作"裂隙"，熔岩从这里渗出。

火山喷发时，火山灰、固体熔岩颗粒和气体形成厚厚的火山云。

许多火山中央都有大大的开口，这种开口叫作"主喷口"。

熔岩从主喷口冒出来，顺着山坡流下去。

岩浆也可以从侧喷口涌出地面，以熔岩的形式流动。

滚烫熔融的岩石堆积在岩浆库中，里面的压力往往很大。

根据火山的活跃程度，可以将它们分为3类。

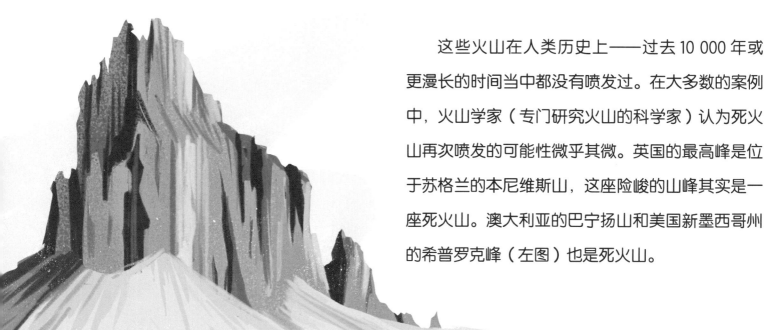

死火山

这些火山在人类历史上——过去 10 000 年或更漫长的时间当中都没有喷发过。在大多数的案例中，火山学家（专门研究火山的科学家）认为死火山再次喷发的可能性微乎其微。英国的最高峰是位于苏格兰的本尼维斯山，这座险峻的山峰其实是一座死火山。澳大利亚的巴宁扬山和美国新墨西哥州的希普罗克峰（左图）也是死火山。

休眠火山

有的火山虽然已经很久没有喷发了，但未来有可能再次喷发，这种火山叫作"休眠火山"。美国的雷尼尔山、加那利群岛的泰德峰（右图）和土耳其的哈桑山都是休眠火山。美国有 3 座火山峰，叫作"三姐妹火山"。三姐妹火山上一次喷发是在大约 2000 年前。

活火山

正处于喷发期的火山叫作"活火山"。全世界大约有1350座火山正处于喷发期。虽然这些火山近年来已经喷发过，但科学家预测过不了多久它们可能会再次喷发。这听起来真可怕！有一些火山常年喷发。夏威夷的基拉韦厄火山已经连续喷发几十年了。在过去的2000年里，位于意大利海岸的斯特龙博利火山（下图）大部分时间几乎都在不断地喷发！

斯特龙博利火山内部发生小型喷发时，红彤彤的熔岩形成的细流被抛向空中，远远望去犹如灯塔一般，因此它也被称为"地中海的灯塔"。

火环

如果你喜欢火山，那可就来对地方喽！"火环"是环太平洋火山带的别名，世界上大多数的地震带以及多达 3/4 的活火山都分布在这个区域内或其边缘地带。

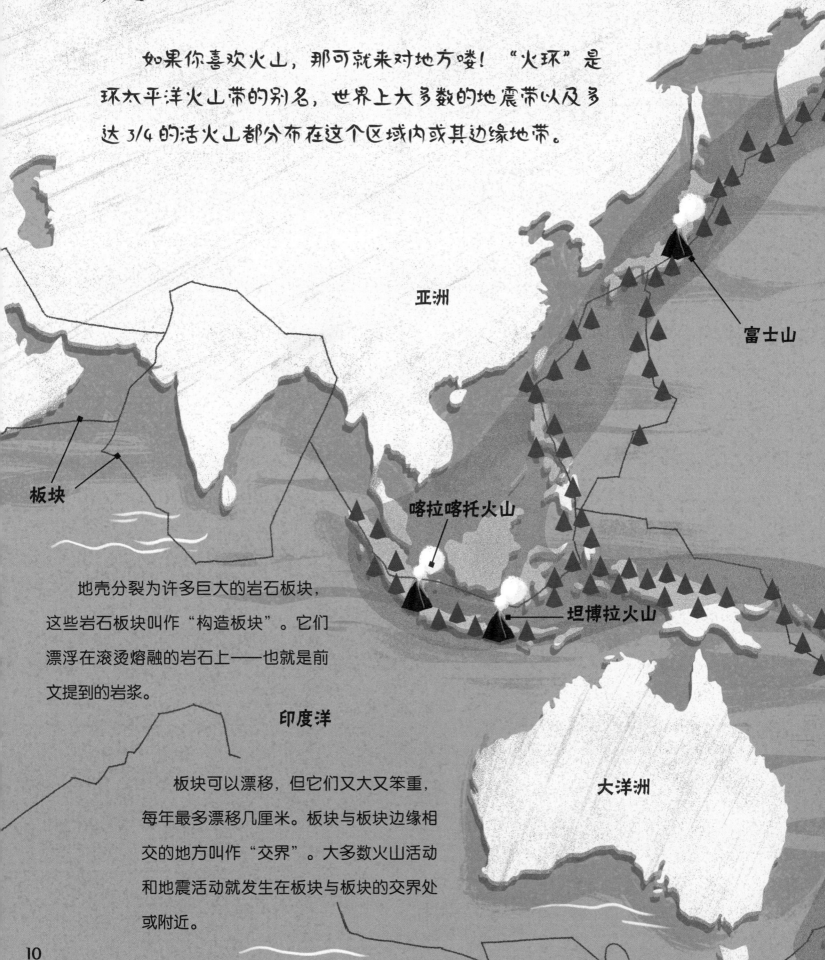

亚洲

富士山

板块

喀拉喀托火山

坦博拉火山

印度洋

大洋洲

地壳分裂为许多巨大的岩石板块，这些岩石板块叫作"构造板块"。它们漂浮在滚烫熔融的岩石上——也就是前文提到的岩浆。

板块可以漂移，但它们又大又笨重，每年最多漂移几厘米。板块与板块边缘相交的地方叫作"交界"。大多数火山活动和地震活动就发生在板块与板块的交界处或附近。

冒纳罗亚火山

北美洲

圣海伦斯火山

基拉韦厄火山

帕里库廷火山

在一些板块的交界处，一个板块被推到另一个板块下面，这一过程叫作"俯冲"。在俯冲带，这些巨大的板块相互摩擦，温度不断升高，使岩石熔化成岩浆。一些靠近地表的岩浆有可能进一步被抬升，最终形成火山。

科多帕西火山

南美洲

板块

太平洋

比亚里卡火山

火山喷发

火山喷发时，炽热的岩浆冲向地表。岩浆喷出地表后形成的熔岩温度可以高达1200℃。但熔岩肆虐只是火山喷发带来的众多威胁之一，火山喷发还有可能造成许多其他的危害。

岩石和熔岩弹

火山爆炸式喷发时，能够以300米／秒（即1080千米／时）的速度将岩石抛出去。在这种情况下，正在冷却的大块熔岩——熔岩弹，就是火山的"秘密武器"。熔岩弹的长度及宽度通常超过6厘米，当火山变得"暴躁"时，能够将熔岩弹抛得很远。

地震

当位于火山下方的岩浆"活动筋骨"时，可能会引发地震。地壳内岩石的能量在一瞬间被释放，调皮的地震波会先上下蹦一蹦，再左右摇一摇。当地震波的"舞蹈"从震源或震中传播出去，地面可就遭殃了。在地震波的带动下，地面发生剧烈震动，从而引起山体滑坡，造成建筑物或其他结构坍塌。

火山灰和有毒气体

一些火山的肚子里存储了太多有毒物质，会喷出大量有毒气体，比如二氧化硫和氯化氢。大量的火山灰纷纷扬扬地落下来，会毁坏农作物、污染水源、掩埋车辆和建筑物。如果火山灰足够厚重，就会危害到人们的健康。

火山云

许多火山在喷发期间，炽热的气体、岩石颗粒和火山灰会形成低垂的火山云，以每小时 80～300 千米的速度快速移动。火山云移动得太快了，人们避之不及。火山云所到之处的一切几乎都会被摧毁。

火山泥流

你知道吗？火山喷发产生的火山灰和岩石如果遇上强降雨，就会形成巨大的泥流。这些泥流从山坡上倾泻而下，能卷走沿途所接触的一切。火山泥流会带来致命的危害。

海啸

火山喷发和地震是引发海啸的关键因素。巨浪是个有策略的"捕食者"，起初它会以极快的速度低低地匍匐在开阔的海面上，当它接近陆地时，浪头猛然拔高数米。滔天的巨浪张着大口扑向岸边，形成汹涌的洪水。它猛烈地冲击着大地，贪婪地吞噬一切，会造成巨大的破坏。

熔岩档案

火山喷发时喷出的熔岩并不完全相同。科学家根据熔岩的浓稠度、外观和喷发地点，将熔岩分为4个类型。

渣块熔岩

渣块熔岩也被称为"阿阿熔岩"，这种熔岩虽然质地浓稠，但流动速度非常快，因此它能够快速地释放出大量的热。这种类型的熔岩冷却后就会变成坚硬的岩石，外观为杂乱、松散、小而粗糙的块状物，看起来有点像碎渣块！有的渣块熔岩边缘锋利无比，即使它完全冷却，由这种物质构成的地貌也让人难以通行。

块状熔岩

熔岩块或块状熔岩的形成过程与渣块熔岩相似，但更加浓稠。块状熔岩从火山中缓缓地涌出，通常流不了多远便会停滞。它凝固后会形成光滑的块状物，直径一般介于10厘米到1米之间不等。

枕状熔岩

熔岩从海底涌出，其外表面与海水一接触就迅速冷却下来，而下方温热的熔岩还在汩汩地往外涌。熔岩慢慢被塑造成圆形，最终看上去就像枕头或气球一样。枕状熔岩可以在一些地方形成数十米深的岩石层。

绳状熔岩

这种类型的熔岩在冷却前表面光滑，但可能带有波状纹理和褶皱。冷却后，它看起来就像一根根绳索，因此得名"绳状熔岩"。绳状熔岩往往流动得十分缓慢，但因其温度比其他类型的熔岩更高，所以在凝固之前可以流淌得相当远。你知道吗？1859 年冒纳罗亚火山喷发形成的一条绳状熔岩足足有 51 千米长！

在坦桑尼亚有一座火山名为伦盖伊火山，它产生的熔岩独一无二。这里的熔岩不会因为滚烫而发红，而且富含钙和钠，十分罕见。伦盖伊火山的喷发温度约为 500℃，远远低于其他火山。

火山的类型

火山的类型是由火山喷发的规模和强度、产生的熔岩类型和喷发物的量决定的。下面我们来看一看5种最常见的火山类型。

层状火山

▲ 日本 富士山
▲ 美国 圣海伦斯火山
▲ 哥斯达黎加 阿雷纳尔火山

层状火山又叫"复合型火山"，山体呈典型的锥形，中间有一个喷口。越靠近山顶，山体就越陡峭。这种火山非常"有心机"，为了让火山灰和熔岩一层又一层地沉积下来，它会将熔岩覆盖在火山灰上，这样火山灰就不会被迅速侵蚀。日积月累，经过一系列爆炸式喷发后，层状火山就诞生了！

火山渣锥

▲ 墨西哥 帕里库廷火山
▲ 美国 巫师岛
▲ 日本 折钵山

由火山灰和冷却的熔岩碎片（称为"火山渣"）形成的小火山遍布世界各地。轻质的喷发物迅速堆积，形成几百米高的陡峭锥体。有时，在更大型的盾状火山或层状火山的坡面上也会形成火山渣锥。

盾状火山

- ▲ 夏威夷 冒纳罗亚火山
- ▲ 冰岛 特勒德拉火山
- ▲ 加拉帕戈斯群岛 拉·昆布雷火山

质地更稀薄、流动性更强的熔岩大量喷发时，往往比其他类型的熔岩流得更远。这种熔岩一股又一股地流下来，形成坡面长而平缓的盾状火山。

火山口

- ▲ 坦桑尼亚 恩戈罗恩戈罗火山口
- ▲ 阿根廷 加兰火山
- ▲ 美国 火山口湖

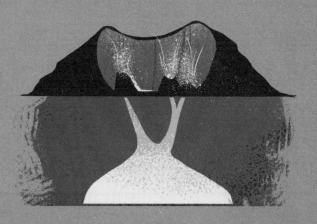

你知道吗？在经过猛烈的喷发后，层状火山的顶部通常会发生坍塌，形成巨大的火山口。有些火山口宽达数千米。如果火山长时间处于休眠状态，大多数火山口最终会被水灌满，形成湖泊，或者像喀拉喀托火山一样被海水淹没。

熔岩穹丘

- ▲ 加勒比海 拉·苏弗里耶尔火山

酸性熔岩比其他类型的熔岩更浓稠、黏度更大、温度更低，往往还没流出多远就凝固了，形成陡峭的熔岩穹丘。

喷发之最

如果没有一个标准，就很难对发生在不同时期、不同地点的火山喷发进行对比。1982 年，两位火山学家——克里斯·纽霍尔、斯蒂芬·赛尔夫设计了一份名为"火山爆发指数"（The Volcanic Explosivity Index，简称 VEI）的量表。

1792 年，日本云仙岳发生了一次 VEI-2 级的喷发，导致有明海湾发生山体滑坡，引发巨大海啸。让人心碎的是，约 15 000 人在这场灾难中丧生。

VEI 量表用于衡量火山喷发的强度和威力、喷出物质的量及喷发高度。量表指数从 0 级—8 级，提供了一个粗略的衡量标准。指数数值越高，表明火山喷发越猛烈、威力越大。

你知道吗？ VEI-1 级火山喷发的次数大约是 VEI-2 级火山的 10 倍，以此类推，指数越大的火山喷发的次数越少。如果把火山想象成一个大气球，那么火山内的岩浆就是气球里的空气。火山喷发就像大气球将空气少量、多次地释放出来，如果 VEI-1 级火山喷发了 20 次，那么 VEI-2 级火山则只喷发 2 次。

实际上，绝大多数的火山喷发都介于 VEI-0 级至 VEI-2 级之间。VEI-4 级及以上的火山喷发就属于大规模、猛烈的火山喷发了。不过，就算是一次指数等级较低的火山爆发，仍然可能带来致命的危害。

在这个名字中含"爆发"一词的量表之中，"VEI-0 级"就显得有点名不副实了——VEI-0 级火山喷发一点儿都不"爆"。相反，熔岩会缓缓地渗出或溢出地表，就像绅士贴心地为淑女拉开椅子一样。不过，这种喷发可能会持续数周。如果产生了火山灰，则会形成不到 100 米高的烟柱。

VEI-0级

描述：溢出

频率：很频繁，有时1年1次

例子：南极洲 埃里伯斯火山

VEI-0 级喷发多见于盾状火山，例如夏威夷的基拉韦厄火山。你知道吗？南极洲的埃里伯斯火山湖也是由盾状火山喷发形成的！

VEI-1级

描述：温和

频率：频繁，每天发生

例子：意大利 斯特龙博利火山

火山从这一级就开始"爆"了！这种温和的火山喷发，每一天都在地球上上演。VEI-1级火山喷发的特点是熔岩渗出得更汹涌，火山口也可能轻微地喷发火山灰和熔岩，喷发高度可达几十千米，有时还会形成熔岩喷泉。由于岩浆中积累了大量的气泡，高温的气体裹挟着大量岩屑和流动性很强的液态岩浆，一鼓作气冲出地表，所以形成了壮观的熔岩喷泉，喷发高度为 10～100 米不等。

VEI-2级

　　VEI-2级火山喷发可比VEI-1级火山喷发来得更为猛烈。篮球大小的熔岩弹在空中乱飞，大量火山灰和气体争先恐后地向天空奔去，形成厚厚的火山云，喷发高度可达1000~5000米不等。2019年，新西兰海岸不远处的怀特岛（又叫"白岛"）发生的致命喷发就属于VEI-2级火山喷发。不幸的是，由于该火山多次爆发，落下的火山灰和岩石以及产生的有毒气体最终导致22人死亡。

VEI-3级

描述：灾难
频率：平均一年发生1~3次
例子：加那利群岛 老昆布雷火山

这个级别的火山喷发会喷出多达1000万立方米或更多的火山灰、岩石和熔岩。2021年，印度尼西亚的锡纳朋火山喷发和加那利群岛的老昆布雷火山喷发都属于VEI-3级喷发。老昆布雷火山十分残忍，它的喷发摧毁了近2500栋建筑物！有的VEI-3级火山喷发还伴随着火山碎屑流的产生，碎屑流沿着火山坡一股脑地流下，流经之处没有任何生灵能够幸免于难。

VEI-4级

描述：浩劫
频率：平均18个月发生1次
例子：加勒比海 拉·苏弗里耶尔火山

VEI-4 级火山喷发的威力是 VEI-3 级火山喷发的 10 倍及以上。火山口喷发出大量火山灰和烟雾，喷发高度可达 25 000 米。菲律宾的塔尔火山在短短 300 多年间就发生了 5 次 VEI-4 级喷发（1716 年、1749 年、1754 年、1965 年和 2020 年）。2021 年，在圣文森特和格林纳丁斯，海拔 1234 米的拉·苏弗里耶尔火山发生了 VEI-4 级喷发。这次喷发形成了一个 100 米深的新火山口，近 20 000 名岛民不得不撤离自己的家园。

VEI-5级

描述：突发（突然并且猛烈）
频率：10～20年发生1次
例子：新西兰 塔拉韦拉火山

　　大多数 VEI-5 级火山喷发被称为"普林尼式火山喷发"，这个名称来源于罗马作家小普林尼，他曾详细地记叙了发生在公元 79 年的维苏威火山喷发。VEI-5 级火山喷发具有强烈的爆炸性，会释放出大量气体，喷发物形成巨大的黑色喷发柱。一次 VEI-5 级火山喷发能喷出至少 1 立方千米的物质，其体积足足有 400 座古埃及的大金字塔那么大。1886 年，塔拉韦拉火山的 3 座山峰齐齐喷发，巨大的威力将山体撕成两半，形成了一道 17 千米长的裂谷。

VEI-6级

描述：规模大
频率：每100年发生1~2次
例子：菲律宾 皮纳图博火山

这个级别的火山喷发百年一遇，它往往会使当地的地貌发生天翻地覆的变化。最近一次的 VEI-6 级火山喷发发生在菲律宾。1991 年，菲律宾的皮纳图博火山喷发，将 100 亿吨岩浆喷射到地表，火山灰和气体组成的喷发柱足足有 18 000 米宽，甚至损毁了天上的飞机。在随后的几个月内，全球平均气温降低①了 0.6℃。

————————

①火山喷发产生的火山灰会滞留在空中，削弱到达地面的太阳辐射，使温度降低。

25

VEI-7级

描述：规模极大
频率：1000~2000年发生1次
例子：印度尼西亚 坦博拉火山

谢天谢地！这种规模巨大、威力可怕的火山喷发1000~2000年才发生一次！据科学家估计，在过去的10 000年中，只发生过6次VEI-7级火山喷发，最近的一次是1815年的坦博拉火山喷发。

大约3600年前，一次VEI-7级火山喷发将地中海的圣托里尼岛（又叫锡拉岛）震裂，岛屿中央陷落，形成了一个巨大的火山口。人们认为这次喷发引发了至少35米高的巨大海啸，就连远在140千米外的克里特岛都遭到了破坏。

火山喷发前

火山喷发后

描述：规模超大
频率：50 000年发生1次
例子：印度尼西亚 多巴火山

这种级别的超级火山喷发造成的破坏简直超乎想象！最近的一次超级火山喷发发生在26 500 年前，新西兰最大的湖泊——陶波湖就是这次火山喷发的产物。科学家们认为，陶波火山喷发将岩石和火山灰喷到了50 000 米的高空——比喷气式飞机的飞行高度还要高3倍！大约74 000 年前，印度尼西亚的多巴火山发生了一次 VEI-8 级的喷发，规模巨大。在随后的几年中，全球平均气温因此降低了 5～9℃。

其他被记载下来的火山喷发，产生的喷发物的量与多
巴火山喷发物的量相比，简直就是小巫见大巫。

维苏威火山　圣海伦斯火山　喀拉喀托火山　坦博拉火山　　多巴火山

火焰剧场

在世界各地，有一些火山喷发带来了致命的危害，因而"臭名昭著"。下面就让我们来到"火焰剧场"，观看几个最广为人知的案例。

冒纳罗亚火山 VEI-0级

"冒纳罗亚"的意思是"绵延的山脉"，这座盾状火山名副其实，是一个庞然大物，几乎占据了太平洋上夏威夷岛的一半。几十万年来，冒纳罗亚火山就像一个勤劳的农夫，断断续续地塑造着地貌，但它又十分爱惜自己的山坡，几乎从没发生过爆炸式喷发。它喷出的熔岩流动性强，能流得很远。

埃特纳火山 VEI-3级

　　埃特纳火山十分活泼，是世界上最活跃的火山之一，有记载的火山喷发可以追溯到公元前396年。1669年，埃特纳火山喷发，弹指一挥间，卡塔尼亚的12个村庄和半个城镇灰飞烟灭。

　　埃特纳火山最近的一次喷发是在2021年2月，烟雾和火山灰形成的烟柱高度达12 000米。这座火山原本就是意大利南部的最高点，也是欧洲最高的活火山，而到2022年，它又"长高"了30米，目前海拔3357米。

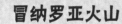

冒纳罗亚火山

太平洋

　　冒纳罗亚火山非常低调，它悄悄地借海洋把自己伪装起来。虽然它当前的海拔是4170米，但还有超过5000米的山体藏在海面以下！按照从山顶到山底的高度来算，冒纳罗亚火山比珠穆朗玛峰还要高200多米！

中心喷口

岩浆室

热点

29

维苏威火山

庞贝和赫库兰尼姆是两座繁华的古罗马城镇，坐落于意大利那不勒斯湾附近，它们曾笼罩在维苏威火山的阴影之下。公元 79 年，维苏威火山发生了一次猛烈而致命的喷发。

在维苏威火山开始喷发的前 4 天里，这里发生了很多次小型地震，随后噩梦降临。维苏威火山发生了一系列喷发，气体和火山灰组成的喷发柱高达 20 000 米！厚厚的火山云遮天蔽日，尽管当时还是下午，但两座城镇却如同坠入黑夜之中。

在几个小时内，维苏威火山每秒钟喷出超过 130 万吨的熔岩和火山灰。很快，炽热的火山灰、浮石和熔岩弹如雨点般陨落，袭击了位于火山下方的庞贝城。一些人被困在家中，另一些人则因火灾和吸入有毒气体而丧生。沉甸甸的喷发物从天而降，哪里还有躲避之处，整栋建筑物都被摧毁了！

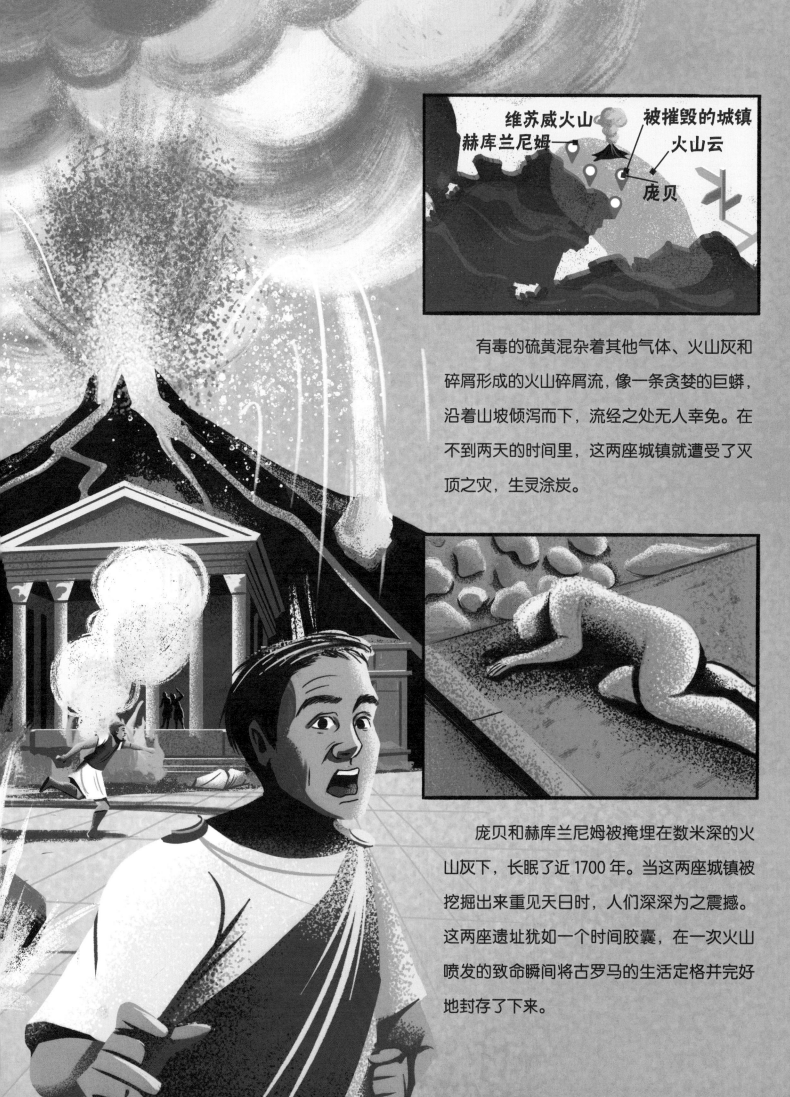

维苏威火山
赫库兰尼姆

被摧毁的城镇
火山云
庞贝

有毒的硫黄混杂着其他气体、火山灰和碎屑形成的火山碎屑流，像一条贪婪的巨蟒，沿着山坡倾泻而下，流经之处无人幸免。在不到两天的时间里，这两座城镇就遭受了灭顶之灾，生灵涂炭。

庞贝和赫库兰尼姆被掩埋在数米深的火山灰下，长眠了近1700年。当这两座城镇被挖掘出来重见天日时，人们深深为之震撼。这两座遗址犹如一个时间胶囊，在一次火山喷发的致命瞬间将古罗马的生活定格并完好地封存了下来。

坦博拉火山

　　历史上有记载的最大规模的单次火山喷发是印度尼西亚的坦博拉火山喷发。起初，火山深处传来隆隆巨响，这响声惊动了数百千米外的士兵，他们误以为附近爆发了战争。

　　1815 年 4 月 10 日，坦博拉火山喷发。这座 4300 米高的火山喷出了 3 条巨大的火柱，整个山顶都被炸得七零八落，形成了一个 6000 米宽的巨大火山口！火山喷发出厚厚的火山灰，像下雨一样持续降落了好几个星期，掩埋了城镇和村庄。有的火山灰甚至落到了 1000 千米以外的地方。

　　这次喷发让坦博拉火山变成了一座名副其实的"火山"。炽热的有毒气体和岩石以 160 千米 / 时的速度沿着火山坡倾泻而下，人们根本无法避开碎屑流，数千人因此丧生。滚烫的火山灰和大片倒下的树木浮在水面上，堆积成山，将船只损毁或堵在港口。

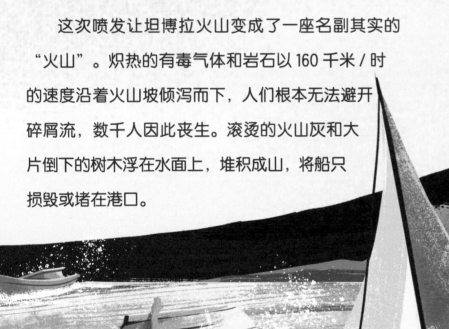

在人类历史上，除了坦博拉火山，没有任何一座火山能够将如此多的喷发物喷入大气。在接下来的数年中，天空始终雾蒙蒙的。并且，坦博拉火山的这次喷发在短期内对气候——尤其是北半球的气候产生了重大影响。

科学家认为，在这次火山喷发后的一年里，全球平均气温下降了3℃。在盛夏时节，美国一些地区居然反常地下起了雪，霜冻将农田里的玉米冻死。许多国家的农作物歉收，一些食物的价格飙升到以前的 9~10 倍！饥荒和疾病夺走了至少 80 000 人的生命！

喀拉喀托火山

　　1883 年 5 月，在印度尼西亚的喀拉喀托岛上，一座大火山变得躁动不安。这座火山以往的喷发还算温和。而这次，喀拉喀托火山在"咕嘟咕嘟"地喷吐了几个月的气泡之后，终于在 8 月 25 日开始了真正的大爆发，露出了它狰狞的模样。

　　接下来的两天里，天地一片混沌。炙热的火山灰如雪崩般顺着山坡倾泻而下，岛上 70% 的地区被摧毁，火山坍塌，形成了一个巨大的火山口。巨大的浮石如雨点般砸入岛周围的水中。

火山将气体和火山灰喷向 40 000 米的高空。起初，厚厚的火山灰很快就将太阳完全挡住，在长达两天半的时间里，只将黑暗留给这个地区。后来，火山灰飘散，但仍然遮挡住了部分阳光。在接下来的数月内，全球平均气温降低，一些地方的降雨量增加，还出现了"火红日落"的奇观。

在这次火山喷发期间，有一次爆发"吼"出了史上最响亮的爆炸声，连远在 3000 千米外的澳大利亚珀斯市的人们都能听到。这个爆炸声的威力有多大呢？它以气压波的形式绕地球传播了 4 圈。

海啸冲击陆地，有的浪头高达 35 米。滔天的巨浪摧毁了印度尼西亚沿海多达 165 个的城镇和村庄。据报道，这次海啸甚至波及遥远的南非。36 000 多人在这次火山喷发中丧生，其中大部分人死于海啸。

圣海伦斯火山

1980年5月18日，不断上升的岩浆使圣海伦斯火山北面隆起，如此景象令人十分震惊。继大型的山体滑坡后，圣海伦斯火山内部发生了大爆炸，随后持续喷发了9个小时。这次喷发十分突然，造成了巨大的破坏。它将420平方千米的地区夷为平地，摧毁了1000万棵树木，杀死了成千上万的动物！火山灰喷发高度超过25 000米，连400千米外的城市都变得暗无天日！圣海伦斯火山也因此面目全非，它的整个山顶和北面的山体都被炸毁，顶部形成了一个巨大的火山口。

艾雅法拉火山

艾雅法拉火山位于冰岛，它的大部分山体隐藏在寒冷的冰川之下。2010年3月20日，艾雅法拉火山第一次喷发。到了4月，艾雅法拉火山开始向空中喷出大量火山灰。火山灰上升到9000米的高空，被风吹散，在整个欧洲的天空弥漫。由于担心火山灰遮蔽挡风玻璃、堵塞发动机，飞机不得不停飞。4月15日至21日，在整整6天的时间里，几乎所有横跨欧洲和北美的航班都被取消了，多达500万名乘客滞留在机场。

与火山为邻

有将近 200 万人生活在维苏威火山的山坡上，萨尔瓦多的伊洛潘戈火山口周围也生活着这么多人，中国台湾的大屯火山群为中心方圆 10 千米内生活着 500 多万人。人们为什么要与火山为邻呢？

数千年来，许多人在火山坡上或火山附近定居。有人将自己居住地附近的火山视为圣山，是他们文化的一部分。即使火山喷发摧毁了他们的村庄、农场或生意，对家园的强烈渴望仍然使许多人重返旧地、重建家园。在历史长河中，由于火山附近的土壤肥沃，富含矿物质，有助于植物生长，人们纷纷来到火山附近生活。

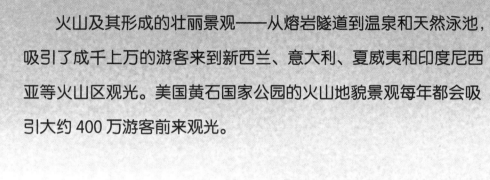

火山及其形成的壮丽景观——从熔岩隧道到温泉和天然泳池，吸引了成千上万的游客来到新西兰、意大利、夏威夷和印度尼西亚等火山区观光。美国黄石国家公园的火山地貌景观每年都会吸引大约 400 万游客前来观光。

在一些国家，火山区地表下的岩浆和岩石是宝贵的能源。地热能系统利用这些能源产生热水或发电。冰岛约 30% 的电力、萨尔瓦多约 25% 的电力和菲律宾约 27% 的电力都是由这种"地热能"提供的。

火山的产物

火山既是一个恶劣的破坏者，也是一个伟大的创造者。火山活动不仅形成了火山独特的外观，还在地球上塑造出一些非凡的景观和地貌。

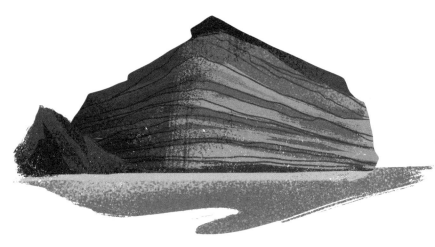

溢流玄武岩是指熔岩覆盖大片区域后冷却形成的玄武岩。在一些地方，数千年或数百万年间发生火山喷发并形成了巨大的阶梯状岩石层，这种岩石层叫作"岩省"。你知道吗？俄罗斯西伯利亚岩省的面积竟是法国国土面积的两倍多！

随着熔岩的冷却和硬化，下方仍在流动的熔岩之上形成了一个坚硬的顶层，天然的隧道由此诞生。熔岩隧道的整体结构在冷却后变得十分坚固。有的隧道大得惊人，韩国的万丈窟有7000多米长，肯尼亚的利维坦熔岩隧道则有11 500多米长。

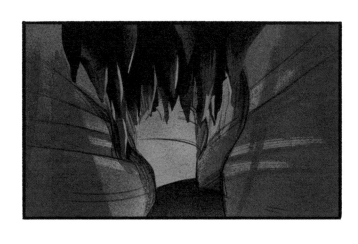

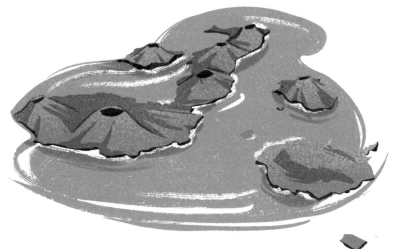

大海之下会发生一系列火山喷发，在每一次喷发时都会形成熔岩层，它们一层又一层地堆积起来，从海底逐渐上升到海平面以上，从而形成岛屿。火山活动形成了一些著名的岛屿群，比如太平洋上的夏威夷群岛、加拉帕戈斯群岛，以及非洲北部海岸的加那利群岛。

1963年，冰岛的渔民目睹了惊人的一幕——海面中央竟然在冒烟！

在接下来的4年里，这里发生了数次威力强大的火山喷发，并形成了一座岛屿。目前，这座岛的最高点为155米，面积为120万平方米。这座名叫"叙尔特赛"的岛上生长着各种各样的植物，海鸟纷纷在这里筑巢安家。

在火山活动地区，地下深处的水可能会受热变成水汽。弥漫的水汽从裂缝处喷薄而出，形成的热水柱和蒸汽叫作"间歇泉"。美国黄石公园有200多个间歇泉，其中最著名的当属老忠实间歇泉，每隔30~90分钟，它就会喷出30~55米高的水柱！

科学家拯救生命

　　火山学家和其他科学家已经对火山运动的原理有了十分深刻的认识，但有待学习之处还有很多。他们依靠已经掌握的知识，有时可以在火山喷发之前发出预警，无数生命可能因此逃过一劫。

　　火山学家在工作时必须很有耐心且一丝不苟。他们需要捕捉到任何看似微不足道的变化，因为这些变化其实非常重要，可能预示着火山即将喷发。比如，地下水温度的变化、火山上空的气体混合物的变化。这些变化都可能预示着岩浆正在上升，火山喷发在即。

　　对即将发生的火山喷发进行预测，能让人们产生警觉，并采取行动，从而挽救生命。比如，在 2010 年默拉皮火山喷发前夕，成千上万的印度尼西亚人收到预警信息，从山坡上大规模撤离，最终幸免于难。

许多火山学家喜欢近距离考察火山，采集样本（左图）并建立数据库。其中一些数据可用于制作预测火山喷发的计算机模型，用来推测火山喷发可能产生的影响。在火山附近工作时，火山学家必须穿能抵御超过 1000℃ 高温的防热服。

许多火山喷发之前附近都会多次发生小型地震，科学家们用地震仪来监测这些地震，并探测、研究岩浆在火山下面的位置，以及它是否在移动。还有种仪器名为"倾斜仪"，它就像一个更为先进的水平仪，用于监测某地是否因岩浆上升、火山隆起而出现地面移动。一些太空卫星可以从上空监测到轻微的地面运动。火山学家们借助这些科学手段监测着世界各地的火山。

地球之外的火山

地球并不是火山唯一的家，火山的家遍布整个太阳系！这令你很意外吧？如果从距离太阳最近的水星出发，最终抵达土星的卫星——土卫六，沿途都能看到火山的身影。

火星上有一些巨大的火山，比如 12 100 米高的埃律西昂火山和欧伯山。然而，没有哪座火山可以与奥林匹斯山比肩——奥林匹斯山是目前已知整个太阳系中最大的火山，同时也是太阳系中最大的山脉。

奥林匹斯山是一座直径 600 千米的盾状死火山。它也是太阳系中已知最高的山脉，海拔 21 900 米，比地球上的最高峰——珠穆朗玛峰高 2.5 倍。

金星被一层浓密的大气层包裹着，因此很难从地球上观测到金星上的火山。但科学家认为，金星上有成千上万座火山，火山数量超过其他任何一颗行星。金星上有一座火山名为"玛阿特山"，熔岩从山上流出，在金星表面流淌了数百千米。

22 000 m
20 000 m
18 000 m
16 000 m
14 000 m
12 000 m
10 000 m
8000 m
6000 m
4000 m
2000 m
0 m

木卫一是木星众多的卫星之一，科学家们已经证实这里是火山的最佳观测点。由于熔岩流和熔岩湖仍在流动，木卫一表面看起来布满了斑点。到目前为止，天文学家已经为木卫一上的约150座火山绘制了地图，其中一些火山还向太空喷发着超过300 000米高的熔岩。

出版团队

出　品　方：斯坦威图书

出　品　人：申　明

出版总监：李佳铌

产品经理：韩依格

责任编辑：马妍吉

助理编辑：刘予盈　魏　笑

封面设计：高怀新

排　　版：杜　师

发行统筹：贾　兰　阳秋利

市场营销：王长红

行政主管：张　月

翻译统筹：语言桥
　　　　　Lan-bridge

图片版权说明

本书图片均由英国霍德与斯托顿出版公司授权使用。

著作权合同登记：图字02-2023-158号

图书在版编目（CIP）数据

神奇的火山 / (英) 克莱夫·吉福德著 ; (巴西) 安
德雷萨·迈斯纳绘 ; 孙甜译. -- 天津 : 天津科学技术
出版社, 2023.8
书名原文: The Explosive History of Volcanoes
ISBN 978-7-5742-1478-1

Ⅰ.①神… Ⅱ.①克… ②安… ③孙… Ⅲ.①火山 –
儿童读物 Ⅳ.①P317-49

中国国家版本馆CIP数据核字(2023)第146164号

神奇的火山
SHENQI DE HUOSHAN
责任编辑：马妍吉
出　　版：天津出版传媒集团
　　　　　天津科学技术出版社
地　　址：天津市西康路 35 号
邮政编码：300051
电　　话：（022）23332695
网　　址：www.tjkjcbs.com.cn
发　　行：新华书店经销
印　　刷：河北鹏润印刷有限公司

开本 1000×1230　1/16　印张 3　字数 15 000
2023 年 8 月第 1 版第 1 次印刷
定价：79.00 元